FORSCHUNGSBERICHTE DES LANDES NORDRHEIN-WESTFALEN

Nr. 1498

Herausgegeben

im Auftrage des Ministerpräsidenten Dr. Franz Meyers

von Staatssekretär Professor Dr. h. c. Dr. E. h. Leo Brandt

DK 621.318.1
538.22

Dr.-Ing. Hans-Joachim Kössler

Rogowski-Institut für Elektrotechnik
der Rhein.-Westf. Techn. Hochschule Aachen

Das Verhalten von Ferritkernen mit rechteckförmiger Hystereseschleife in elektrischen Kreisen

WESTDEUTSCHER VERLAG · KÖLN UND OPLADEN 1965

ISBN 978-3-322-98016-8   ISBN 978-3-322-98643-6 (eBook)
DOI 10.1007/978-3-322-98643-6

Verlags-Nr. 011498

Gesamtherstellung: Westdeutscher Verlag

Inhalt

Eine ausführlichere Darstellung ist in [12] zu finden.

1. Einleitung

Magnetische Werkstoffe mit rechteckförmiger Hystereseschleife werden in der Elektrotechnik in steigendem Maße für verschiedene Anwendungszwecke benötigt. Kerne aus metallischen Stoffen, bei denen die Ummagnetisierung wegen der Wirbelströme vergleichsweise langsam verläuft, werden als Magnetverstärker und zu Regelzwecken verwendet. Ferrite mit rechteckförmiger Hystereseschleife gestatten eine wesentlich schnellere Ummagnetisierung. Man verwendet sie in großen Stückzahlen in Nachrichtenspeichern mit kleiner Zugriffszeit. Ein normaler Ringkern ist in der Lage, zwei Informationen zu speichern, indem er jeweils einen der zwei möglichen Remanenzzustände annimmt. Will man mehrere Informationen speichern, so kann man Sonderformen mit zwei oder mehr Bohrungen, wie z. B. den Transfluxor, verwenden. Der Transfluxor ist ein Analogspeicher, der theoretisch unendlich viele Nachrichten speichern kann. Ein weiteres Anwendungsgebiet für Ferritkerne sind Impulszähler und Frequenzteiler.
Die Eigenschaften dieser Ferrite wurden bisher überwiegend im Hinblick auf ihre Anwendung untersucht. Man beschränkte sich im allgemeinen auf das Verhalten bei impulsförmigen Strömen, wie sie in Speichern und Frequenzteilern vorkommen. In erster Linie wurden Spannungsverlauf und Schaltzeit untersucht. An einigen Stellen des Schrifttums finden sich jedoch auch Vorschläge, die die Berechnung des Verhaltens unter allgemeinen Bedingungen gestatten.
In der Arbeit, über die im folgenden berichtet wird, wurde untersucht, wie weit die bisher gemachten Angaben geeignet sind, das Verhalten eines Zwei- oder Vierpols mit einem Ferritkern mit rechteckförmiger Hystereseschleife in einem beliebigen Stromkreis zu beschrieben. Dazu wurden Strom- und Spannungskennlinien, Hystereseschleifen und Verluste für einige Beispiele des Magnetisierungskreises berechnet und mit der Messung verglichen.
Da die Berechnung nach den Ansätzen des Schrifttums in einigen Fällen nur durch langwierige numerische Rechnung durchführbar ist, wurde weiter versucht, ein Ersatzbild aus einfachen Schaltelementen zu finden. Die Eignung des Ersatzbildes, das grundsätzliche Verhalten richtig wiederzugeben, wurde ebenfalls mit Hilfe von Vergleichsmessungen überprüft.

2. Rechnerische Erfassung

2.1 Im Schrifttum vorhandene Ansätze

Das Verhalten von Ferriten mit rechteckförmiger Hystereseschleife wurde schon
in verschiedenen Arbeiten untersucht. In den Arbeiten von GOODENOUGH [1, 2]
wurden die grundsätzlichen Vorgänge dargelegt und der zeitliche Ablauf ohne
quantitative Rechnung angegeben. Danach erfolgt die irreversible Ummagnetisierung, die den größten Teil der Flußänderung verursacht, durch Weißsche Bezirke, die von Keimen umgekehrter Magnetisierung ausgehen. Die Bezirke wach-
sen so lange an, bis sie auf einen Nachbarbezirk gleicher Ummagnetisierungs-
richtung auftreffen und damit die Blochwand verschwindet. Die Blochwände bewegen sich mit konstanter, zur Feldstärke proportionaler Geschwindigkeit. Da
die Masse der Blochwände klein ist [3], werden sie in einer Zeit beschleunigt, die
gegenüber der Laufzeit vernachlässigbar klein ist.
Die allgemeine Bewegungsgleichung der Blochwände vereinfacht sich in diesem
Fall zu

$$v = \frac{2 \cdot J_s}{\beta} (H - H_s). \tag{1}$$

In dieser Gleichung ist J_s die Sättigungspolarisation und β eine Dämpfungs-
konstante. Als Ursachen der Dämpfung werden Wirbelströme und Spinrelaxa-
tionen angegeben. Bei Ferriten sind jedoch die Wirbelströme im allgemeinen vernachlässigbar. Die Größe H_s wird als Startfeldstärke bezeichnet. Es ist die Feldstärke, die mindestens erreicht sein muß, bevor die Bewegung einer Wand beginnt. Wie die Versuche gezeigt haben, ist die Startfeldstärke nicht genau gleich
der statischen Koerzitivfeldstärke, sondern meistens etwas größer.
In einer ganzen Reihe von anderen Arbeiten, z. B. [4, 5, 6, 7, 8] wurde das Verhalten der Ferritkerne untersucht. Der quantitative zeitliche Verlauf wurde von
LINDSEY [9] und HAYNES [10] berechnet.
In [9] wurden zur Berechnung der Magnetisierungsvorgänge Weißsche Bezirke
angenommen, die die Form eines langgestreckten Zylinders haben. Das Wachs-
tum beginnt an dünnen langen Keimen. Die Blochwand, die den Zylindermantel
bildet, bewegt sich mit einer zur Feldstärke proportionalen Geschwindigkeit, bis
sie mit dem ebenfalls wachsenden Nachbarbezirk zusammenstößt.
Unter Annahme einer zufälligen Verteilung der Keime über den Querschnitt des
Stoffes erhält man mit Verwendung von (1) eine Beziehung zwischen der Flußänderung und der Bewegung der Blochwände.

$$\frac{d\Phi}{dt} = 2\,J_s\,A\,q_f\,2\,\pi\,r\,\frac{dr}{dt}\,e^{-q_f\,r^2\,\pi} \tag{2}$$

In dieser Gleichung bedeutet J_s die Sättigungspolarisation, A die Querschnitt-
fläche des Kerns, q_f die Anzahl der Keime je Flächenelement und r den von einer
Blochwand zurückgelegten Weg. Eine ähnliche Gleichung ergibt sich mit den
Voraussetzungen von [10], bei denen von Weißschen Bezirken in der Form eines
langgestreckten Ellipsoides ausgegangen wird. Die Beziehung lautet in diesem
Fall:

$$\frac{d\Phi}{dt} = 2\,J_s\,Aq_v\,4\,\pi\,\frac{r^2}{\lambda}\,\frac{dr}{dt}\,e^{-\frac{4}{3}\frac{\lambda}{\pi}\,q_v\,r^3} \tag{3}$$

Die Bedeutung der Formelzeichen ist die gleiche wie in Gl. (2), es ist jedoch q_v in
Gl. (3) die Anzahl der Keime im Volumenelement und λ das Verhältnis von großer
zu kleiner Achse der Ellipsoide.
Mit Hilfe dieser beiden Gleichungen lassen sich Strom und Spannungsverläufe,
Hystereseschleifen und Verluste berechnen.

2.2 Entwicklung einer Ersatzschaltung

Die einfachste Beschreibung der Ummagnetisierung erhält man, wenn man sich
die Weißschen Bezirke durch ebene Blochwände begrenzt denkt. Bei Anlegen
einer konstanten Feldstärke bewegen sie sich mit konstanter Geschwindigkeit, die
durch Gl. (1) gegeben ist, bis sie auf einen benachbarten Bezirk auftreffen. Setzen
wir als weitere Vereinfachung noch die Laufzeit t_s aller Wände gleich, und ist q_l
die Anzahl der Bezirke je Länge, so wird die Änderung des Flusses durch die ein-
fache Gleichung

$$\frac{d\Phi}{dt} = 2\,J_s\,Aq_l\,\frac{2\,J_s}{\beta}\,(H - H_s) \tag{4}$$

beschrieben.

Die Spannung, die in einer Wicklung des Kernes induziert wird, ist proportional
der Flußänderung. Der Strom, der die Bewegung der Blochwände veranlaßt, ist
der Feldstärke proportional. Wir können daher die Gl. (4) auch in der folgenden
Form schreiben,

$$u = k(I - I_s) \quad \text{für} \quad t_1 < t < t_2$$

$$u = 0 \qquad\qquad \text{für} \quad t < t_1, t > t_2 \tag{5}$$

wenn wir in k alle Konstanten zusammenfassen. Nach diesen Gleichungen wird
der tatsächliche Spannungsverlauf durch einen Rechteckimpuls angenähert
(Abb. 1). Der Faktor k vor der Klammer auf der rechten Seite von Gl. (5) hat die
Dimension eines Widerstandes.

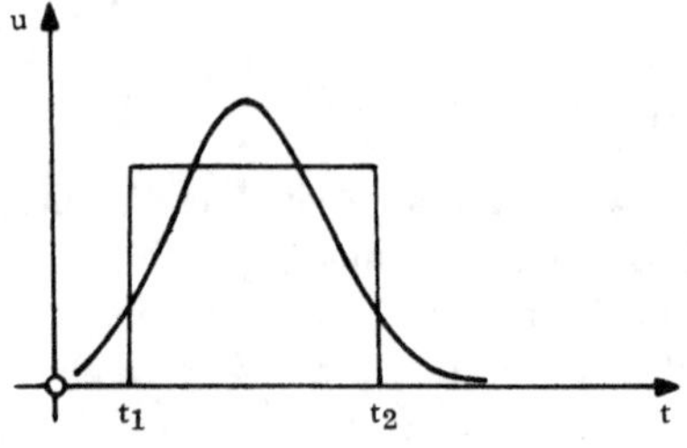

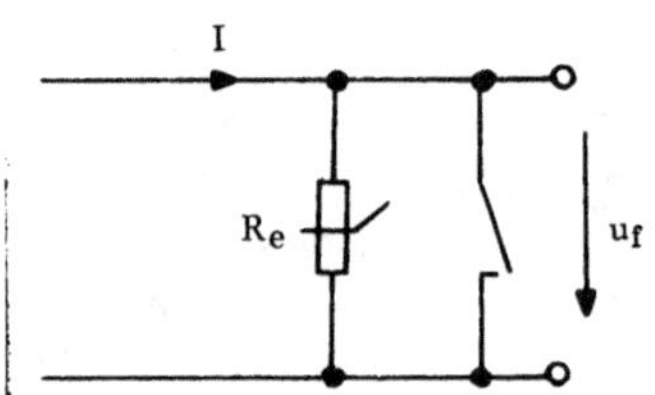

Abb. 1 Spannungsverlauf bei Magnetisierung
mit sprungförmigem Strom

Wir setzen

$$k = R_e \tag{6}$$

und erhalten

$$u = R_e \cdot (I - I_s) \tag{7}$$

Diese letzte Gleichung legt es nahe, für die Spule mit Ferritkern eine Ersatzschaltung anzugeben. Eine gleiche Spannung erhält man, wenn während der Zeit-
spanne $t_s = t_2 - t_1$ ein Widerstand R_e in den Stromkreis eingeschaltet wird. Nach
Beendigung der Ummagnetisierung muß der Widerstand Null sein, da auch die
Spannung Null wird. Die Schaltung nach Abb. 2 entspricht diesen Anforderun-
gen. Die Gl. (7) wird erfüllt, wenn wir annehmen, daß die Spannung an den

Abb. 2 Ersatzschaltung

Klemmen des Widerstandes R_e Null ist, solange der Strom kleiner als I_s bleibt,
und daß sie proportional der Differenz $I - I_s$ wird, wenn der Strom größer als I_s
ist. Es handelt sich demnach um einen nichtlinearen Widerstand mit einer ge-
knickten Kennlinie. Diese Eigenschaft soll durch das Symbol ⌐ angedeutet werden. Der Widerstand R_e (Ersatzwiderstand) wird entsprechend Gl. (7) definiert.
Der Schalter parallel zum Widerstand ist nur während der Zeit t_s geöffnet. t_s können wir auch als Ummagnetisierungszeit bezeichnen.
Eine Beziehung zwischen Spannung und Ummagnetisierungszeit ist durch die
Gleichung

$$\int_{t_1}^{t_2} u\,dt = 2\,\Psi_s \tag{8}$$

gegeben, in der Ψ_s der im Sättigungszustand herrschende Gesamtfluß ist. Die
Gln. (8) und (7) können benutzt werden, um bei gegebenem Widerstand R_e die
Zeit t_s zu berechnen.
Wir erhalten auf diese Weise ein einfaches Ersatzbild, das nur aus einem Wider-
stand und einem Schalter besteht.

10

In einem Ersatzbild für einen magnetisierbaren Stoff erwartet man in erster Linie einen Energiespeicher, etwa in Form einer Induktivität, der die im Magnetfeld aufgespeicherte Energie wiedergibt. Diese Induktivität fehlt in der einfachen Schaltung nach Abb. 2.

Es läßt sich jedoch im Falle eines Stoffes mit ausschließlich irreversiblen Vorgängen an Hand der Hystereseschleife in bekannter Weise zeigen, daß während einer Ummagnetisierung lediglich Energie aufgenommen und keine abgegeben wird. Ein solcher Stoff ist also ein Wirkverbraucher, der in der Ersatzschaltung durch einen Widerstand dargestellt werden kann. Die Ersatzschaltung ist also auch physikalisch begründet. (Sie ist ein Ausdruck der Tatsache, daß sich der Kern während des Durchlaufens des steilen Teils der Hystereseschleife nicht wie eine Induktivität, sondern in erster Linie wie ein Wirkwiderstand verhält.)

Bei den bisherigen Überlegungen wurde der reversible Anteil an der Magnetisierung nicht berücksichtigt. Dieser Anteil stellt selbstverständlich einen Energiespeicher dar, den man in der Ersatzschaltung noch durch eine Induktivität berücksichtigen kann (Abb. 3). Die Induktivität liegt in Reihe zum Widerstand R_e und ist immer eingeschaltet.

In vielen Fällen kann man den Einfluß des reversiblen Anteils vernachlässigen und die einfachere Schaltung nach Abb. 2 verwenden.

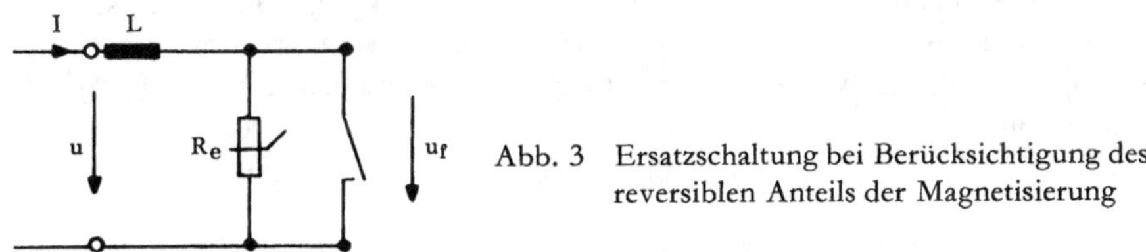

Abb. 3   Ersatzschaltung bei Berücksichtigung des reversiblen Anteils der Magnetisierung

3. Meßeinrichtung

3.1 Magnetisierung der Proben

Zur Untersuchung der dynamischen Eigenschaften der Ferritkerne wurden kleine
Ringkerne mit 2 mm Durchmesser gewählt. Ihr (zeitlich veränderlicher) Scheinwiderstand ist immer so klein, daß man in einer Schaltung mit normalen Röhren
einen sinus- oder sprungförmigen Strom erzwingen kann. Sie haben weiterhin den
Vorteil, daß die kleine mittlere Länge des magnetischen Kreises nur eine Wicklung mit wenigen Windungen erforderlich macht. Man muß allerdings in Kauf
nehmen, daß bei diesen Kernen die zu messenden Spannungen und Verluste ebenfalls klein sind.

Will man einen Ferritkern mit einem sprungförmigen Strom magnetisieren, so
benötigt man einen Verstärker mit einem großen inneren Widerstand und einer
hohen oberen Grenzfrequenz. Ein solcher Verstärker wurde mit zwei Röhren
EL 34 in Gegentaktschaltung aufgebaut. Die Abb. 4 zeigt die grundsätzliche
Schaltung der Endstufe dieses Verstärkers, die Magnetisierungströme bis 200 mA
liefern kann. Bei 22 Windungen ergibt sich damit eine höchste erreichbare Feldstärke von:

$$H_{max} = 863 \text{ A/m.}$$

Die Grenzfrequenz des Verstärkers ist etwa 25 MHz.

Bei dieser Grenzfrequenz ist die Anstiegszeit des Stromes 20 ns. Sie ist klein gegen die Ummagnetisierungszeit, die in der Größenordnung von 1 µs liegt. Eine

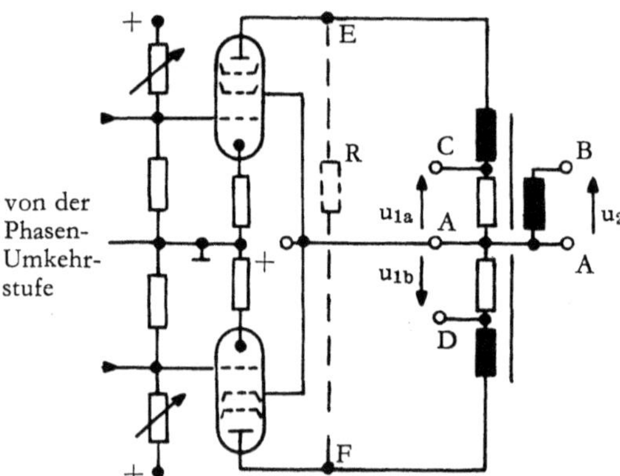

Abb. 4   Verstärker zur Magnetisierung der Proben

weitere Verkürzung der Anstiegszeit ist nicht möglich, da die Grenze durch den verwendeten Steuergenerator und die Verstärker des Oszillographen vorgegeben ist. Der innere Widerstand für Wechselstrom ist in dieser Schaltung je Röhre etwa 15 kΩ. Die Form der Stromkurve am Ausgang des Verstärkers und spätere Messungen zeigten, daß dieser Wert groß genug ist, um einen sinus- oder sprungförmigen Strom zu erreichen.

Die induzierte Spannung wird an der Sekundärwicklung (Klemmen A und B, Abb. 4) abgenommen und auf einem Oszillographen sichtbar gemacht. Zwei Spannungen, die dem Magnetisierungsstrom je einer der Primärwicklungen proportional sind, erhält man an Widerständen von je 10 Ω. (Klemmen A, C und D.) Beide Spannungen werden dem Oszillographen über einen Differentialverstärker zugeführt, der die Differenz der beiden Spannungen u_{1a} und u_{1b} bildet. Diese Differenz ist der gesamten Durchflutung proportional.

Alle Wicklungen der Probe haben annähernd gleiches Potential, da wegen der geringen Spannungsfestigkeit der Drahtisolierung zwischen ihnen keine hohe Gleichspannung liegen darf. Die Stellwiderstände am Gitter der beiden Röhren dienen zur Einstellung der Symmetrie. Die Gleichstromdurchflutung muß zur Vermeidung einer Vormagnetisierung Null sein.

Sollen mit dem Verstärker sinusförmige Ströme erzeugt werden, so wird als Steuergenerator ein Meßsender benutzt, dessen Frequenz im Bereich von 10 Hz bis 30 MHz einstellbar ist.

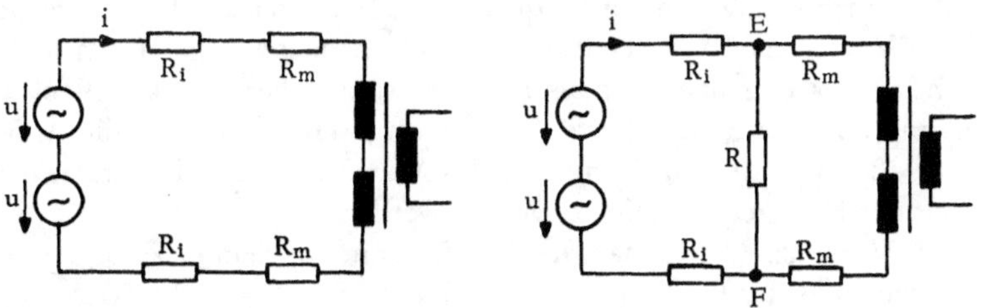

Abb. 5   Wechselstromersatzschaltung des Magnetisierungskreises

Die Wechselstromersatzschaltung für den Magnetisierungskreis ist in Abb. 5 dargestellt. Die beiden Primärwicklungen, die inneren Widerstände R_i und die Meßwiderstände R_m sind in Reihe geschaltet und werden vom Strom i durchflossen.

Für Messungen mit kleinerem Widerstand des Magnetisierungskreises kann zwischen die Punkte E und F (Abb. 4 und 5) ein zusätzlicher Widerstand angeschlossen werden. Da zwischen den Punkten E und F keine Gleichspannung liegt, wird der Widerstand nur vom Wechselstrom durchflossen. Die Widerstände R und R_m ergeben eine Stromteilung, durch die der Strom in der Wicklung verkleinert wird. Man kann daher den Widerstand R nicht beliebig klein machen. Ein Magnetisierungskreis mit dem inneren Widerstand Null ist auf diese Weise nicht zu erreichen.

3.2 Bestimmung der Verluste

Die Verluste eines Spulenkernes werden normalerweise mit einer Brückenschaltung gemessen. Man setzt dabei voraus, daß sich die Verluste durch einen linearen Widerstand darstellen lassen. Stoffe mit rechteckförmiger Hystereseschleife können nicht so einfach behandelt werden, da sie einen nichtlinearen Zweipol darstellen. Eine Messung mit einer Brücke ist hier also wenig sinnvoll. Es ist daher ein Meßverfahren zu suchen, das unmittelbar die im Stoff in Wärme umgesetzte Leistung mißt. Die folgende Abschätzung zeigt, welche Verluste zu erwarten sind, wenn man zunächst einmal nur die Hystereseverluste betrachtet. Sie sind angenähert:

$$P_h = 4\,H_c\,B_r\,V\,f \tag{9}$$

Mit $H_c = 100$ A/m, $B_r = 0,2$ Wb/m^2 und $V = 1,2$ mm^3 erhält man bei $f = 1$

$$P_h \approx 0,1 \text{ mW}$$

und bei 1 MHz

$$P_h \approx 0,1 \text{ W}$$

Die Leistungen sind zwar klein, jedoch gibt es Meßverfahren, mit denen man auch kleine Leistungen in einem weiten Frequenzbereich messen kann. Die vom Kern aufgenommene Leistung nimmt proportional zur Frequenz zu, wenn die Stoffgrößen unabhängig von der Frequenz sind. Ändern sie sich, so wird sich die zusätzliche Frequenzabhängigkeit der schon vorhandenen überlagern und dementsprechend nur ungenau zu messen sein. Es ist daher zweckmäßiger, die je Schwingung dem Kern zugeführte Arbeit zu messen, in der sich die Änderung der Stoffgrößen unmittelbar ausdrückt. Als Maß für diese Arbeit kann der Flächeninhalt der Hystereseschleife verwendet werden.

Bei hohen Frequenzen kann man die Schleifen nur auf dem Oszillographen darstellen. Dazu muß der Oszillograph zur Ablenkung in x- und y-Richtung zwei gleiche Verstärker besitzen und die Spannung zur Auslenkung in x-Richtung dem Magnetisierungsstrom und zur Auslenkung in y-Richtung dem Fluß proportional sein. Die erste Spannung erhält man als Ausgangsspannung eines Differentialverstärkers, der an die Klemmen A, C und D angeschlossen wird. Die zweite Spannung wird durch Integration der Spannung an der Sekundärwicklung der Probe gewonnen. Es ist

$$\Psi = k \int u_2 \, dt \tag{10}$$

Der Faktor k wird durch die Integrationsschaltung bestimmt. Zur Integration von periodischen Spannungen gibt es verschiedene Verfahren. In diesem Fall wurde ein doppeltes RC-Glied benutzt [11], eine Schaltung, die einfach aufzubauen ist und die integrierte Spannung mit nur kleinen Fehlern liefert. Die Schaltung ist in Abb. 6 wiedergegeben. Der Frequenzbereich von 1 kHz bis 1 MHz wurde in drei Bereiche aufgeteilt.

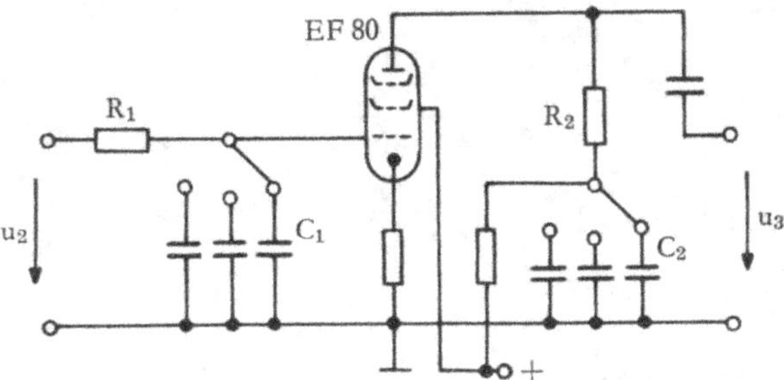

Abb. 6   Schaltung des Integriergliedes

Spannungen mit einer Frequenz kleiner als 1 kHz konnten nicht mehr integriert werden, da dann die induzierte Spannung der kleinen Kerne nicht ausreicht, um die vorhandenen Oszillographen auszusteuern.
Die Hystereseschleifen wurden auf dem Bildschirm eines Oszillographen sichtbar gemacht, dessen Bildröhre senkrecht in einen Tisch eingebaut wurde, so daß ihr Bildschirm in der Ebene der Tischplatte lag. Auf diese Weise konnte der Flächeninhalt der Schleifen unmittelbar und ohne Umweg über die Fotografie mit einem Planimeter bestimmt werden. Die Ungenauigkeiten, die beim Arbeiten mit dem Planimeter etwa durch Parallaxenfehler auftreten, sind nicht sehr groß. Die Meßunsicherheit der Ergebnisse war kleiner als 3%.
Die Abb. 7 zeigt einen Teil der Meßeinrichtung. Auf der linken Seite ist der Verstärker zu sehen und oben rechts Planimeter und Bildschirm. Die beiden verschiebbaren Lineale dienen zur genauen Festlegung der Aussteuerung.

3.3 Einstellung der Temperatur

Alle Messungen sollen bei einer gleichbleibenden Temperatur durchgeführt werden. Dazu ist es notwendig, die in der Probe entstehende Wärme abzuführen. Die Wärmeleistung, die im Abschnitt 3.2 zu 0,1 W abgeschätzt wurde, ist in Wirklichkeit auf Grund der dynamischen Verluste größer. Sie erreicht je nach Probe 1 bis 2 W, eine Leistung, die durch reine Luftkühlung nicht mehr abgeführt werden kann. Auch ein ruhendes flüssiges Kühlmittel reicht, wie der Versuch zeigt, noch nicht aus.
Die Probe muß also zur Kühlung in eine strömende Flüssigkeit gebracht werden. Da Öl eine kleine spezifische Wärme und eine hohe Viskosität hat, wurde als Kühlmittel destilliertes Wasser gewählt.
Die Probe, deren Wicklung so lose ist, daß das Wasser den Kern noch erreicht, ist in ein Stück Kunststoffschlauch eingekittet (Abb. 8). Der Schlauch ist unmittelbar an der Endstufe des Verstärkers angebracht und in einen geschlossenen Kühlkreislauf mit Pumpe und Wärmeaustauscher eingeschaltet. Der Wärmeaustauscher befindet sich in einem Thermostaten, der es gestattet, den Kühlkreislauf nud da-

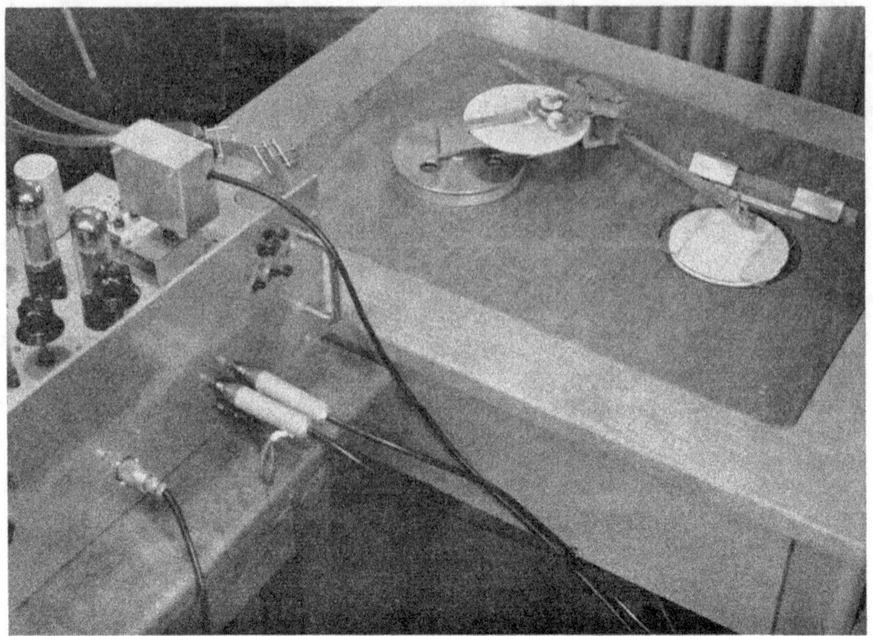

Abb. 7   Meßeinrichtung

mit die Probe auf verschiedene Temperaturen einzustellen (Abb. 8). Mit dieser
Anordnung konnte die Temperatur des Kühlwassers bis auf eine Abweichung von
$\pm\,1^{\circ}$C konstant gehalten werden.
Ein vollständiges Gleichbleiben der Probetemperatur konnte jedoch auch hiermit
nicht erzielt werden. Bei hohen Frequenzen und großen Aussteuerungen war noch
eindeutlicher Einfluß der Erwärmung festzustellen.

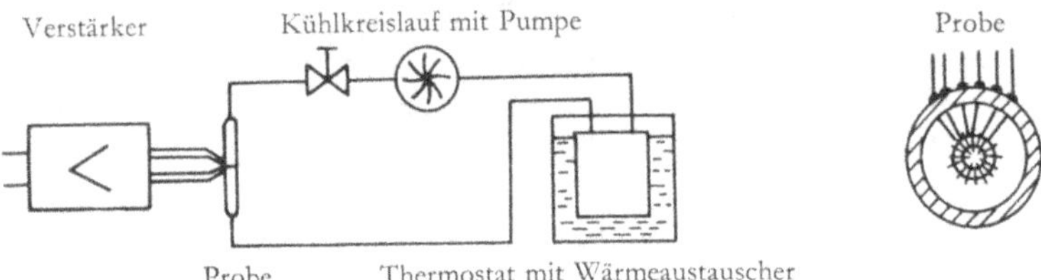

Abb. 8   Probekern im Kühlkreislauf

4. Magnetisierungskreis mit sprungförmiger Quellenspannung

Ein mit N_1 Windungen bewickelter Ringkern stellt einen nichtlinearen Zweipol dar, dessen Eigenschaften durch die Gl. (2) oder (3) und in vereinfachter Weise auch durch die Ersatzschaltung nach Abb. 2 gegeben sind. Wird dieser Zweipol in einen Magnetisierungskreis mit sprungförmiger Quellenspannung eingeschaltet, so lassen sich mit den Gln. (2) oder (3) und auch mit der Ersatzschaltung die Spannung am Zweipol und der Strom im Kreis berechnen.
Die Funktionen, die man nach den Gln. (2) und (3) berechnet, stimmen gut mit der Messung überein. Für den Höchstwert des entstehenden Spannungsimpulses ergibt sich bei sprungförmigem Strom

$$U_{max} = \rho_f \frac{N_1^2}{l_m} A(I - I_s) = R_f(I - I_s) \tag{11}$$

wobei in der Konstanten ρ_f alle Stoffeigenschaften enthalten sind. Es gilt für den Ansatz nach [9]

$$\rho_f = 4 \, J_s^2 \, \frac{\sqrt{2 \, \pi \, q_f} \, e^{-\frac{1}{2}}}{\beta} \tag{12}$$

und für [10]

$$\rho_f = 4 \, J_s^2 \, \frac{\sqrt{4 \pi \, \frac{q_v}{\lambda} \, 2^{\frac{2}{3}} \, e^{-\frac{2}{3}}}}{\beta} \tag{13}$$

Die Größe R_f ist von der Art eines Widerstandes. In ihr sind außer den Stoffeigenschaften noch die Daten der Wicklung und die Kernabmessungen enthalten.
Die Größe R_f, die mit Schaltwiderstand bezeichnet werden soll, hat formal den gleichen Aufbau wie eine Induktivität.
Der lineare Zusammenhang zwischen Strom und Höchstwert der Spannung wird durch die Messung bestätigt (Abb. 9).
Ist der Innenwiderstand des Generators nicht sehr groß gegen den Scheinwiderstand der Probe, ist also der Strom während der Ummagnetisierung nicht konstant, so wird der Höchstwert der Spannung kleiner. Die Rechnung zeigt, daß

$$u_{max} = \frac{R_f \cdot R_i}{R_f + R_i} (I - I_s) \tag{14}$$

ist.

Der Schaltwiderstand und der innere Widerstand des Generators sind demnach parallel geschaltet.

Die gleichen Ergebnisse erhält man aus der Ersatzschaltung, wie man unmittelbar an Abb. 10 ablesen kann.

Die Ersatzschaltung ist also in der Lage, das grundsätzliche Verhalten richtig wiederzugeben.

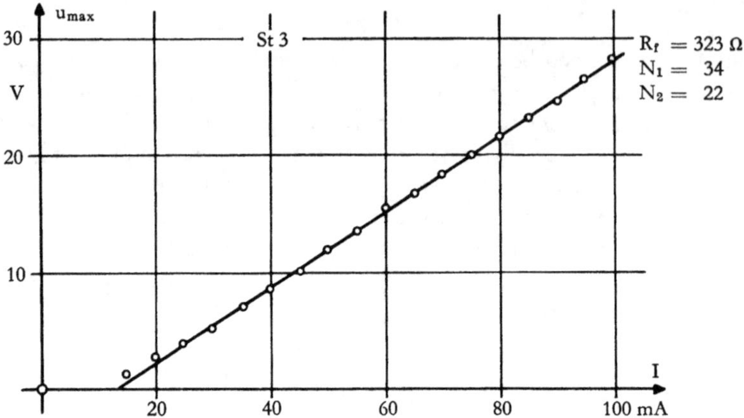

Abb. 9   Spannungshöchstwert in Abhängigkeit vom Magnetisierungsstrom
bei Magnetisierung mit sprungförmigem Strom

Abb. 10   Ersatzschaltung bei endlichem
Innenwiderstand des Generators

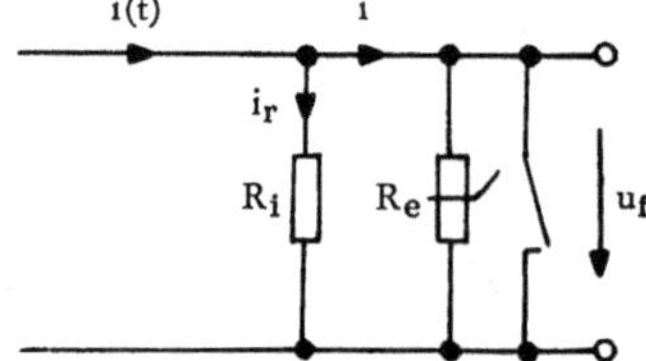

5. Magnetisierungskreis mit sinusförmiger Quellenspannung

5.1 Hystereseschleifen

Eine Berechnung der Hystereseschleifen ist ebenfalls mit den Ansätzen nach [9] und [10] und mit Hilfe der Ersatzschaltung möglich. Zu diesem Zweck stellt man die Hystereseschleife in Parameterform dar. Es ist:

$$\Psi = \Psi(s)$$

$$i = i(s). \tag{15}$$

Der gemeinsame Parameter s kann entweder die Zeit t oder auch eine andere geeignet gewählte Größe sein.

Die Abb. 11 zeigt eine Reihe von gemessenen Schleifen, die bei sinusförmigem Strom und konstanter Aussteuerung in Abhängigkeit von der Frequenz aufgenommen wurden. Die Schleifen werden mit zunehmender Frequenz immer breiter, bis die Fläche einen Höchstwert erreicht. Nach Überschreiten des Höchstwertes werden sie flacher und nähern sich ellipsenförmigen Gebilden. Die Messung wurde an einer Probe mit 34 Windungen bei einer Aussteuerung von 50 mA durchgeführt (eine Einheit der Abszisse entspricht 12,5 mA).

Auf der rechten Seite der Abb. 11 sind den gemessenen Schleifen gerechnete gegenübergestellt. Die ausgezogenen Schleifen wurden nach [10] berechnet und die punktiert eingezeichneten nach der Ersatzschaltung. Man sieht, daß für beide Fälle eine gute Übereinstimmung erreicht wird.

Der Ansatz nach [9] liefert Kurven, die ebenfalls nicht viel von den beiden angegebenen abweichen.

Verändert man bei gleicher Aussteuerung (d. h. bei gleichem Höchstwert des Stromes) den inneren Widerstand des Kreises, so ändert sich auch in starkem Maße die Form der Hystereseschleifen.

Die Abb. 12 zeigt ein Beispiel einer solchen Messung. In diesem Fall wurden Frequenz und Kurzschlußstrom des Kreises konstant gehalten (f = 230 kHz, i = 62,5 mA) und der Widerstand des Kreises verändert. Die umschlossene Fläche nimmt mit abnehmendem Widerstand ab und nähert sich den statischen Verlusten. Auch in diesem Fall liefert der Ansatz nach [10] eine gute Übereinstimmung, während die Ersatzschaltung zwar die Fläche, aber nicht mehr die Form richtig wiedergibt.

Unterhalb eines bestimmten Widerstandes (hier etwa 170 Ω) zeigen die Schleifen eine von der normalen Form abweichende Gestalt. Der Fluß geht nicht mehr monoton fallend oder steigend von einem Sättigungszustand in den anderen über, sondern es bilden sich zu Beginn der Ummagnetisierung Einbuchtungen in

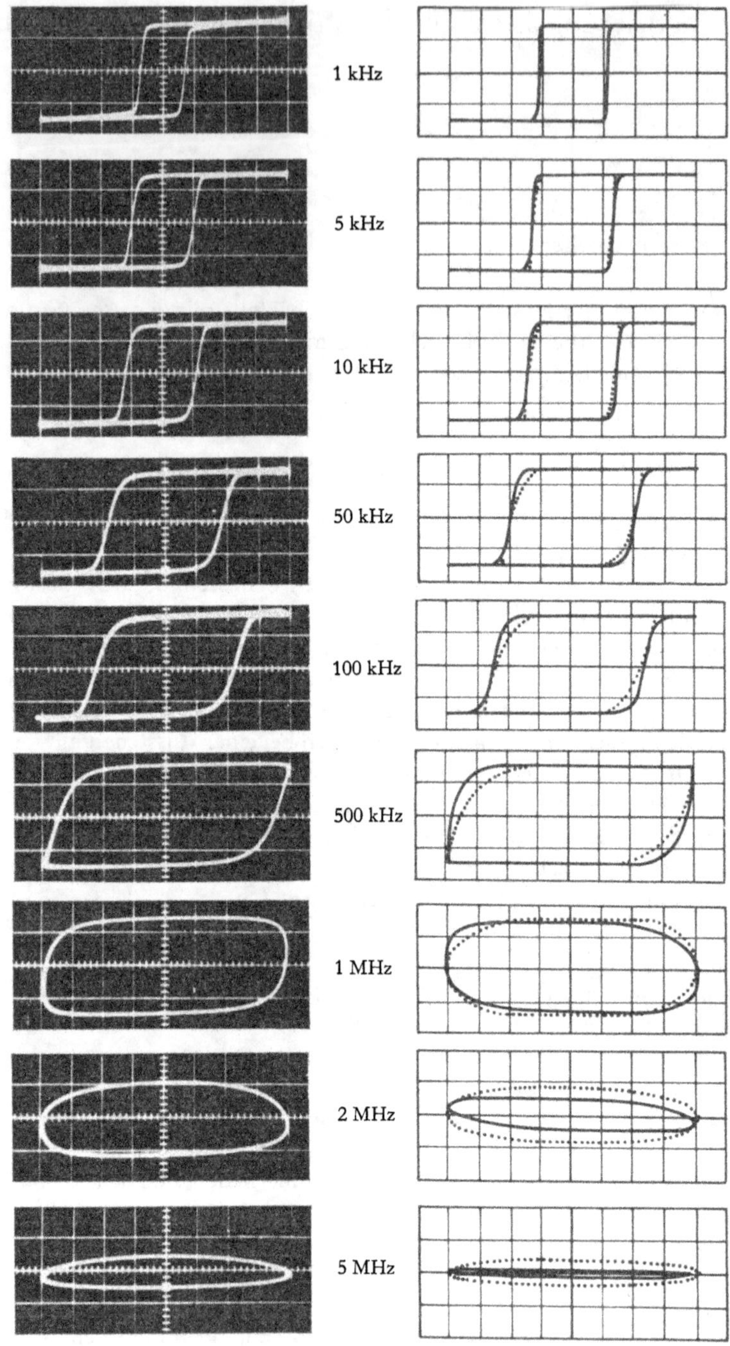

Abb. 11 Hystereseschleifen in Abhängigkeit von der Frequenz ($R_i = \infty$)

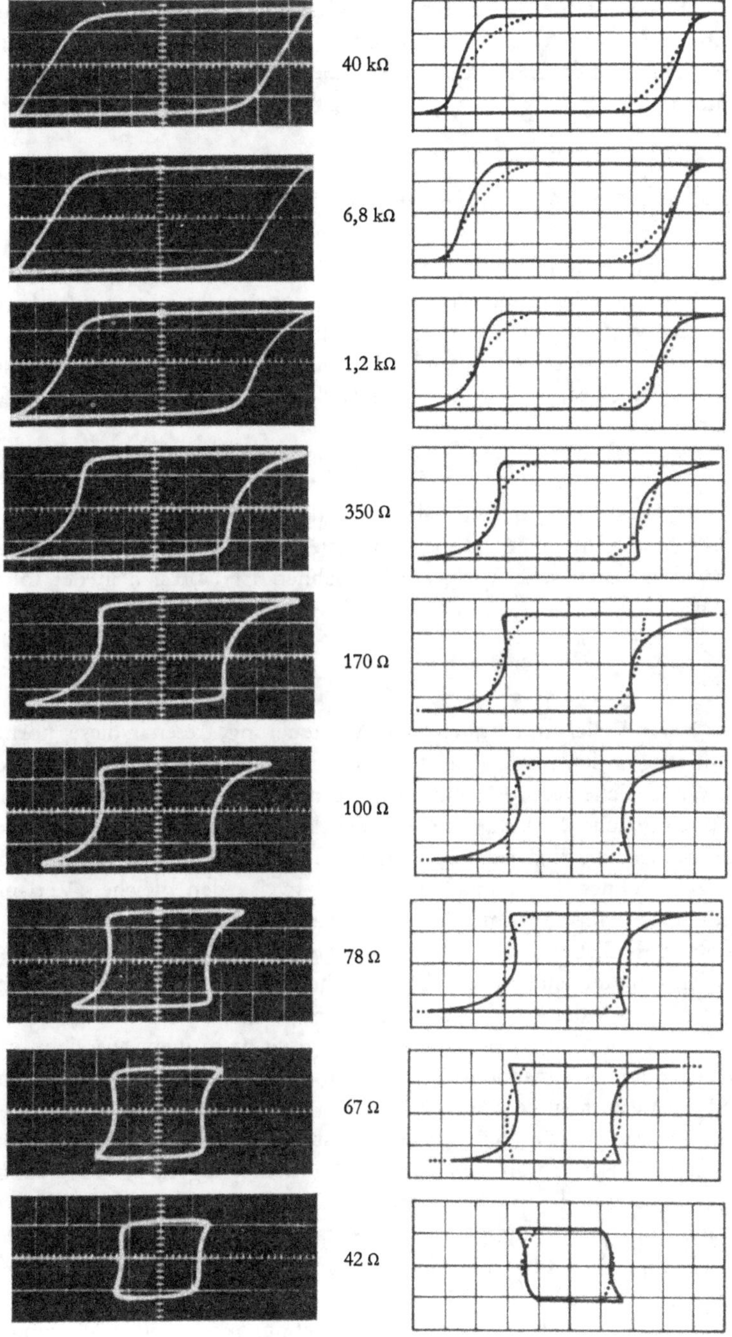

Abb. 12   Hystereseschleifen in Abhängigkeit vom Kreiswiderstand (f = 230 kHz)

der Schleife aus. Man erhält dieses »Überschwingen«, das man auch bei metallischen Stoffen beobachten kann, nur in einem bestimmten Bereich für Widerstand und Frequenz. Auf die Berechnung dieses Bereiches wird im Abschnitt 5.3 näher eingegangen.

5.2 Verluste bei sinusförmigem Strom

Die Arbeit, die während einer vollständigen Ummagnetisierung von außen zugeführt werden muß, ist, wie die Versuche zeigen, nicht nur von der Frequenz, sondern auch von der Aussteuerung abhängig.
Ein Maß für die Verluste je Umlauf ist die von der Hystereseschleife umschlossene Fläche. Mit der Gleichung der Hystereseschleife in Parameterform nach Gl. (15) ergibt sich

$$A = 2 \int i(s) \, \Psi''(s) \, ds. \tag{16}$$

Die Lösung dieses Integrals enthält neben den konstanten statischen Verlusten noch ein von der Frequenz und der Aussteuerung abhängiges Glied. Dieser Anteil wird als »dynamische Verluste« bezeichnet. Er läßt sich in der folgenden Form schreiben:

$$\frac{A}{4 \, \Psi'_s \, \hat{\imath}} = f\left(\frac{\omega}{\hat{\imath}}\right) \tag{17}$$

Die zwei Veränderlichen, Frequenz und Aussteuerung, treten in dieser normierten Form nur als Quotient auf, so daß sich die Verlustarbeit in Abhängigkeit von der einen Veränderlichen $\omega/\hat{\imath}$ darstellen läßt. Eine Vergrößerung der Frequenz hat demnach die gleiche Wirkung wie eine Verkleinerung der Aussteuerung.
Die Funktionen, die sich nach den Ansätzen [9] und [10] und nach der Ersatzschaltung berechnen lassen, haben näherungsweise den gleichen Verlauf. Die Verluste steigen mit zunehmender Frequenz an, erreichen in der Gegend von 1 MHz einen Höchstwert, und fallen dann wieder ab. Der Höchstwert selbst verschiebt sich mit steigender Frequenz zu höheren Werten. Die physikalische Ursache der Abnahme der Verluste bei hohen Frequenzen ist darin zu suchen, daß in diesem Bereich die Zeit einer halben Schwingung nicht mehr ausreicht, um den Kern vollständig umzumagnetisieren. Damit müssen die höchste erreichte Induktion und die Verluste abnehmen.
Die Abb. 13 zeigt die Ergebnisse einer Messung und Abb. 14 den Vergleich der drei gerechneten Kurven untereinander und mit einer zugehörigen Messung. Der Anstieg der Verluste bei niedrigen Frequenzen ist proportional der Wurzel aus der Frequenz. Diese Abhängigkeit, die ebenfalls gut durch die Messung bestätigt wird, erhält man nach allen drei Ansätzen. In Abb. 15 sind die Verluste über $\sqrt{f}$ aufgetragen, auf diese Weise erhält man eine Gerade.
Die bisherigen Vergleiche zwischen den Berechnungen und den Messungen geben keinen eindeutigen Hinweis, welchem der beiden Ansätze nach [9] oder nach [10] der Vorzug zu geben ist. Die Abweichungen untereinander liegen innerhalb

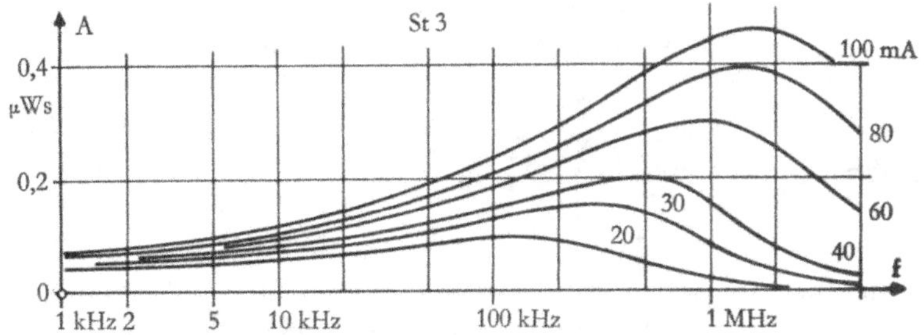

Abb. 13 Verluste in Abhängigkeit von der Frequenz bei Magnetisierung
mit sinusförmigem Strom
Parameter: Scheitelwert des Stromes

Abb. 14 Verluste in Abhängigkeit von der Frequenz
Vergleich zwischen Rechnung und Messung

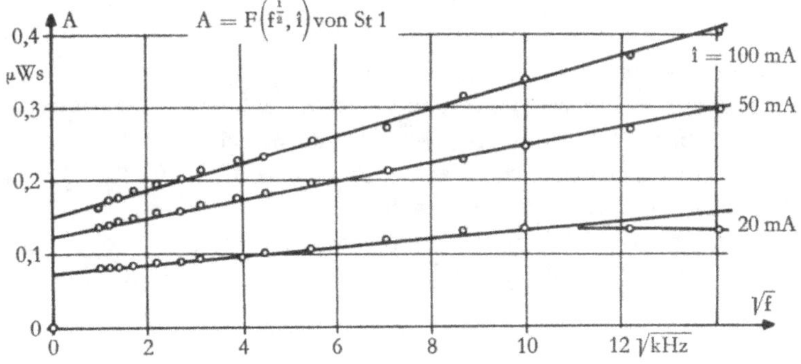

Abb. 15 Verluste, aufgetragen über der Wurzel aus der Frequenz
Parameter: Scheitelwert des Stromes

der Meßunsicherheit. Es lassen sich daher auf Grund dieser Messungen keine Angaben über die Form der Weißschen Bezirke machen.

5.3 Anomale Hystereseschleifen

Die im Abschnitt 5.1 erwähnten anomalen Hystereseschleifen wurden noch genauer untersucht. Diese Art von Schleifen tritt immer dann auf, wenn die Stromkurve drei Extremwerte, zwei Maxima und ein Minimum, aufweist (Abb. 16). Die Rechnung zeigt, daß man anomale Schleifen nur erhält, wenn man von dem Ansatz nach [10] ausgeht, wenn man also ellipsoidförmige Bereiche annimmt. Damit läßt sich vermuten, daß ellipsoidförmige Bezirke, zumindest aber Bezirke, die sich in drei Koordinaten ausdehnen, die tatsächlichen Verhältnisse am besten wiedergeben. Der Ansatz nach [10] ist demnach vorzuziehen.

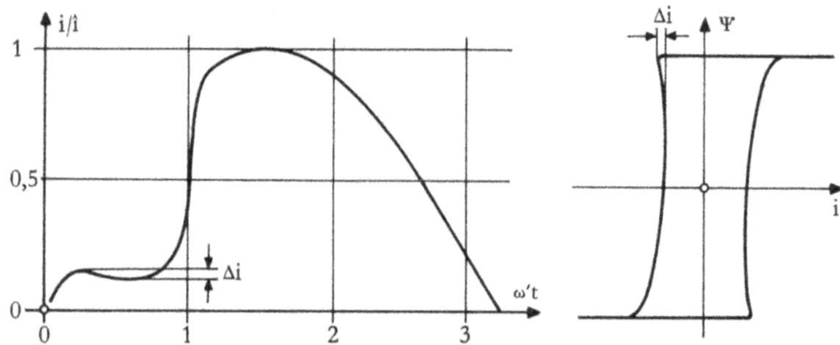

Abb. 16   Stromverlauf und zugehörige Hystereseschleife

Die anomalen Schleifen treten in einem Bereich auf, der durch die Veränderlichen R_i und $\omega/\hat{\imath}$ gegeben ist. Da die Berechnung des Bereichs sehr umständlich und langwierig ist, wurde ein elektronischer Rechner vom Typ Zuse Z 22 verwendet. Das Ergebnis ist in Abb. 17 aufgetragen. Hier ist mit v das Verhältnis R_i/R_f und mit Ω die Größe $\dfrac{\omega}{\hat{\imath}} \cdot \dfrac{2\,\Psi_s}{R_f}$ bezeichnet. Unterhalb der mit »mathematischer Grenze« bezeichneten Linie treten anomale Schleifen auf.
Da aber zur meßtechnischen Erfassung die »Höcker« eine Mindestgröße haben müssen, wurden noch die Kurven $\Delta i/\hat{\imath} = $ konst. berechnet und in die Abb. 17 eingetragen. Als praktische Grenze wurde die Kurve $\Delta i/\hat{\imath} = 0{,}01$ festgelegt. Dieser Wert ist gerade noch sicher festzustellen.
Die Messung liefert ein Ergebnis, das zwar nicht in allen Einzelheiten aber doch im wesentlichen Verlauf mit der Rechnung übereinstimmt (Abb. 18).

24

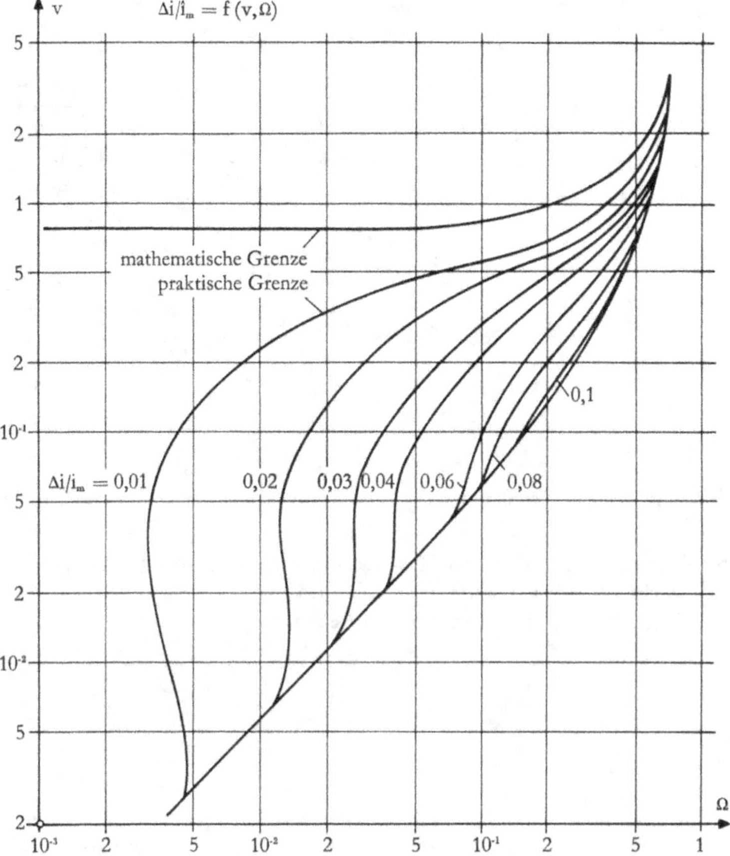

Abb. 17   Bereich, in dem das Auftreten von anomalen Hystereseschleifen möglich ist

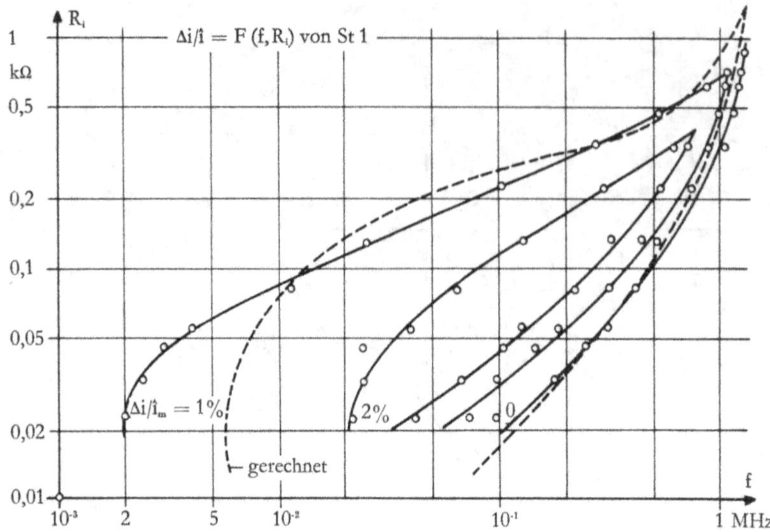

Abb. 18   Auftreten von anomalen Hystereseschleifen in Abhängigkeit von Frequenz
und innerem Widerstand des Generators
Vergleich zwischen Messung und Rechnung

6. Temperaturabhängigkeit der Stoffkonstanten

In der technischen Anwendung werden die Ferritkerne im allgemeinen veränderlichen Temperaturen ausgesetzt sein. Es ist daher von Interesse, das Temperaturverhalten der wichtigsten Stoffkonstanten zu kennen. Aus diesem Grund wurde im technisch wichtigen Bereich von 10 bis 60°C die Temperaturabhängigkeit der drei Konstanten Remanenzinduktion, Schaltwiderstand und Startfeldstärke gemessen.

Die Messungen wurden mit der im Abschnitt 3.3 beschriebenen Einrichtung durchgeführt. Mit Hilfe des Thermostaten im Kühlkreislauf konnte die Probe auf verschiedene Temperaturen eingestellt werden.

6.1 Remanenzinduktion

An Stelle der Temperaturabhängigkeit der Sättigungspolarisation wurde die der Remanenzinduktion gemessen, da die letztere auch in der Rechnung an Stelle der Sättigungspolarisation verwendet wurde. Die Remanenzinduktion wurde aus einer dynamischen Hystereseschleife (f = 5 kHz) entnommen, da diese Messung einfacher und schneller als eine statische Messung durchzuführen ist. Bei niedrigen Frequenzen ist die dynamische Schleife im übrigen nahezu gleich der statischen.

Die Meßergebnisse für die Proben St 1 und St 2 zeigt Abb. 19. Wie man sieht, nimmt die Remanenzinduktion mit steigender Temperatur stetig ab. Innerhalb der Meßgenauigkeit ist der Abfall praktisch linear, so daß man in diesem Temperaturbereich die Abhängigkeit durch folgende Gleichung darstellen kann:

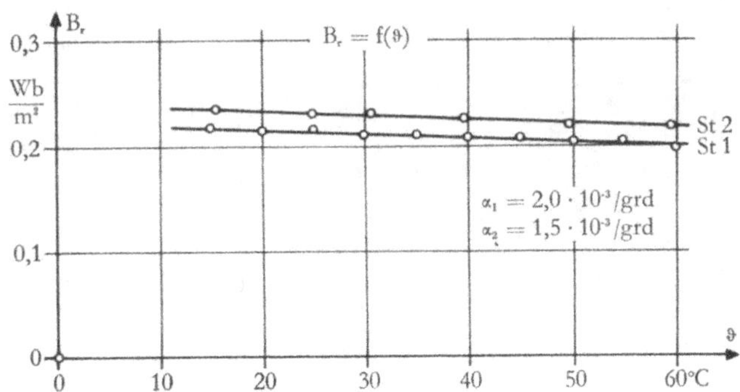

Abb. 19   Abhängigkeit der Remanenzinduktion von der Temperatur

$$B_r = B_{r0}(1 - \alpha \Delta \vartheta) \tag{18}$$

Der Temperaturkoeffizient α ist in Abb. 19 angegeben. Er liegt in der Größenordnung $2^0/_{00}$ je Grad. Mit Hilfe der Gl. (18) kann der Einfluß der Temperaturabhängigkeit in den einzelnen Fällen abgeschätzt werden.

6.2 Schaltwiderstand

Der Schaltwiderstand wird durch eine Impulsmessung bestimmt, indem man bei verschiedenen Strömen den Höchstwert der Spannung mißt. Aus der Steigung der sich ergebenden Geraden wird der Schaltwiderstand entnommen.
Das Ergebnis der Messung an allen drei Proben (Abb. 20) zeigt, daß der Schaltwiderstand im untersuchten Temperaturbereich weitgehend unabhängig von der Temperatur ist.

6.3 Startfeldstärke

Die Startfeldstärke ergibt sich aus der gleichen Messung wie der Schaltwiderstand, indem man den Schnittpunkt der Geraden u_{max} als Funktion von I mit der Abszisse bestimmt. In Abb. 21 ist die der Startfeldstärke entsprechende Durchflutung Θ_s aufgetragen. Diese Durchflutung ist bis etwa 40°C fast konstant, nimmt aber dann mehr und mehr ab. Bei 60°C hat die Durchflutung bereits um 15–20% abgenommen. Da aber der Strom I_s außer bei den Hystereseverlusten immer nur in der Differenz

$$i_m = \hat{\imath} - I_s \tag{19}$$

auftritt, ist der Einfluß bei großen Strömen wesentlich kleiner als bei kleinen Strömen.

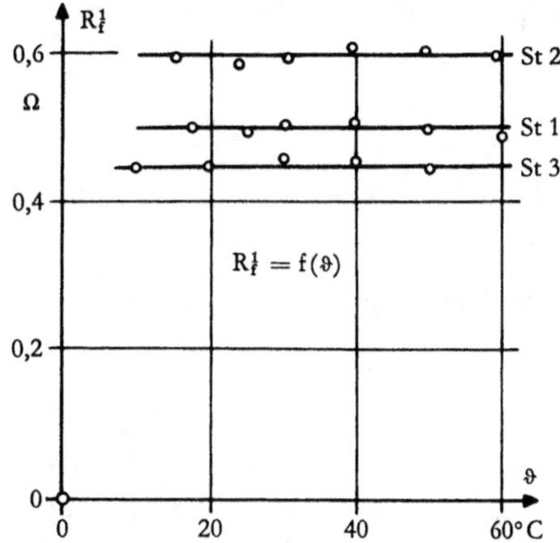

Abb. 20   Abhängigkeit des Schaltwiderstandes von der Temperatur
für drei verschiedene Proben

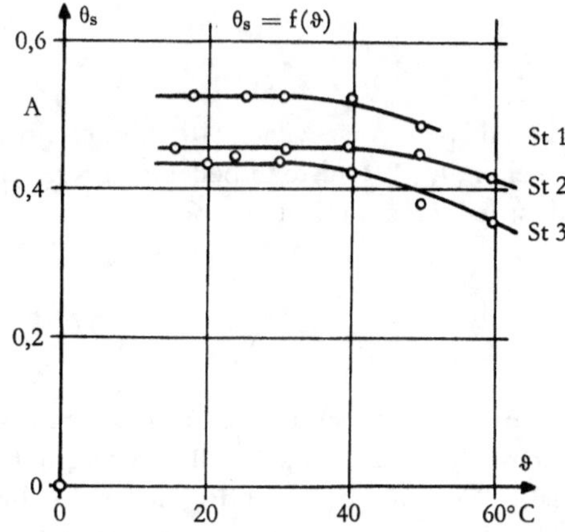

Abb. 21   Startfeldstärke in Abhängigkeit von der Temperatur
für drei verschiedene Proben

7. Zusammenfassung

Wir fassen die Ergebnisse folgendermaßen zusammen:

7.1

Das Verhalten eines Zweipols mit Ferritkern kann in erster Näherung durch drei Stoffkonstanten beschrieben werden. Zwei dieser Konstanten, Schaltwiderstand und Startfeldstärke, ergeben sich aus dem Schaltversuch. Die dritte Konstante, die Remanenzinduktion, die man an Stelle der Sättigungspolarisation verwenden kann, erhält man aus der statischen Hystereseschleife, oder angenähert aus einer Schleife bei geringer Frequenz.

7.2

Mit diesen Konstanten und dem Ansatz nach [10] können Strom- und Spannungskurven, Hystereseschleifen und Verluste in beliebigen Kreisen berechnet werden. Der Rechenaufwand ist jedoch zum Teil erheblich.

7.3

Eine Ersatzschaltung, die nur einen Widerstand und einen Schalter enthält, gibt bei wesentlich kleinerem Rechenaufwand in allen bisher untersuchten Fällen das grundsätzliche Verhalten des Zweipols richtig wieder. Sie bieten daher in vielen Fällen wesentliche Vorteile. Die Bestimmungsgrößen der Ersatzschaltung können aus dem Schaltversuch entnommen werden.

Dr.-Ing. HANS-JOACHIM KÖSSLER

Literaturverzeichnis

[1] GOODENOUGH, J. B., A theory of domain creation and coercitive in polycristalline ferromagnetics. Phys. Rev. **95** (1954), S. 917.

[2] GOODENOUGH, J. B., Magnetic materials for digital-computer components. A theory of flux reversal in polycristalline ferromagnetics. Journ. Appl. Phys. **26** (1955), S. 8.

[3] DÖRING, W., Über die Trägheit der Wände zwischen Weißschen Bezirken. Zeitschrift f. Naturforschung **3a** (1948), S. 373.

[4] WIJN und VAN DER HEIDE, Pulsresponse properties of rectangularloop ferrites. Proc. IEE **104** (1957), S. 442.

[5] HECK, C., und H. RAINER, Rechteckferrite und die Prüfung ihrer Speichereigenschaften. SEL-Nachrichten **6** (1958), S. 199.

[6] HECK, C., Zur Phänomenologie der Ummagnetisierung von Speicherferriten. ETZ **80** (1959), Heft 6, S. 161.

[7] BROWN, D. A. H., Behavior of squareloop magnetic cores in circuits. Electronic Engineering 1959, S. 408.

[8] HECK, C. und WEBER, Ferritkerne für Schnellspeicher und ihre Betriebseigenschaften. NTZ 1961, S. 196.

[9] LINDSEY, C. H., The squareloop ferritcore as a circuitelement. Proc. IEE **106**, Part C (1959), S. 117.

[10] HAYNES, M. K., Model for nonlinear fluxreversal of sqnareloop polycristalline magnetic cores. Jour. Appl. Phys. **29** (1958), S. 472.

[11] BERGER, W., F. HÖVELMANN und H. J. KÖSSLER, Eine Schaltung zur elektrischen Integration und Differentiation periodischer Vorgänge. Elektronische Rundschau 1959, S. 336.

[12] KÖSSLER, H. J., Dissertation, Aachen 1962.

FORSCHUNGSBERICHTE
DES LANDES NORDRHEIN-WESTFALEN

Herausgegeben im Auftrage des Ministerpräsidenten Dr. Franz Meyers
von Staatssekretär Prof. Dr. h. c. Dr.-Ing. E. h. Leo Brandt

ELEKTROTECHNIK · OPTIK

HEFT 265
*Prof. Dr. phil. Fritz Micheel und Dr. rer. nat.
Rico Engel, Organisch-Chemisches Institut der Universität Münster*
Eine Apparatur zur elektrophoretischen Trennung
von Stoffgemischen
1956. 27 Seiten, 21 Abb. DM 9,20

HEFT 276
E. Haage, Mülheim/Ruhr
Entwicklungsarbeiten im Apparatebau für Laboratorien
1956. 36 Seiten, 18 Abb. DM 10,50

HEFT 309
*Prof. Dr. phil. Kurt Cruse, Dipl.-Phys. Benno Ricke
und Dipl.-Phys. Reinhard Huber, Physikalisch-chemisches Institut der Bergakademie Clausthal-Zellerfeld*
Aufbau und Arbeitsweise eines universell verwendbaren Hochfrequenz-Titrationsgerätes
1956. 40 Seiten, 29 Abb. DM 11,90

HEFT 310
Dr. rer. nat. Paul Friedrich Müller, Bonn
Die Integrieranlage des Rheinisch-Westfälischen
Instituts für Instrumentelle Mathematik in Bonn
1956. 54 Seiten, 6 Abb., 31 Schaltskizzen. DM 14,45

HEFT 331
*Dipl.-Ing. Georg Bretschneider, Studiengesellschaft für
Höchstspannungsanlagen e. V., Ruit*
Die Messung der wiederkehrenden Spannung mit
Hilfe des Netzmodelles
1956, 37 Seiten, 21 Abb., 2 Tabellen. DM 11,20

HEFT 341
*Prof. Dr.-Ing. Helmut Winterhager und
Dipl.-Ing. Leo Werner, Aachen*
Präzisions-Meßverfahren zur Bestimmung des elektrischen Leitvermögens geschmolzener Salze
1956. 36 Seiten, 19 Abb., 1 Tabelle. DM 10,60

HEFT 403
*Prof. Dr.-Ing. Paul Denzel und
Dipl.-Ing. Wilhelm Cremer, Aachen*
Verbesserung der Benutzungsdauer der Höchstlast
in ländlichen Netzen durch vermehrte Anwendung
elektrischer Geräte in der Landwirtschaft
1957. 33 Seiten, 23 Abb. DM 12,10

HEFT 438
*Prof. Dr.-Ing. Helmut Winterhager und
Dr.-Ing. Leo Werner, Aachen*
Bestimmung des elektrischen Leitvermögens geschmolzener Fluoride
1957. 39 Seiten, 18 Abb., 10 Tabellen. DM 11,90

HEFT 440
*Dr.-Ing. Hellmuth Wolf, Institut für Hochfrequenztechnik der Rhein.-Westf. Technischen Hochschule
Aachen*
Gekoppelte Hochfrequenzleitungen als Richtkoppler
1958. 107 Seiten, 44 Abb. DM 31,60

HEFT 513
*Prof. Dr. Wilhelm Ludolf Schmitz und Dr. rer. nat.
Franz Schmitt, Institut für Röntgenforschung an der
Universität Bonn*
Die Verwendung des Magnetbandgerätes zur
Speicherung des Kurvenverlaufs elektrischer
Ströme *1958. 56 Seiten, 35 Abb. DM 17,65*

HEFT 520
*Prof. Dr.-Ing. Herwart Opitz, Dipl.-Ing. Hans Obrig
und Dipl.-Ing. Paul Kips, Laboratorium für Werkzeugmaschinen und Betriebslehre der Rhein.-Westf. Technischen
Hochschule Aachen*
Untersuchung neuartiger elektrischer Bearbeitungsverfahren
1958. 44 Seiten, 35 Abb., 2 Tabellen. DM 14,70

HEFT 522
*Dr.-Ing. Joachim Lorentz, Bonn, und
Dr.-Ing. Karlheinz Brocks, Mülheim/Ruhr*
Elektrische Meßverfahren in der Geodäsie
1958. 108 Seiten, 49 Abb., 5 Tabellen. DM 28,—

HEFT 523
Dr.-Ing. Klaus Eberts, Duisburg
Entwicklungen einiger Meßverfahren und einer
Frequenz- und amplitudenstabilisierten Meßeinrichtung zur gleichzeitigen Bestimmung der komplexen Dielektrizitäts- und Permeabilitätskonstante von festen und flüssigen Materialien im
rechteckigen Hohlleiter und im freien Raum bei
Frequenzen von 9200 und 33000 MHz
1958. 122 Seiten, 37 Abb. DM 30,20

HEFT 535
Dr.-Ing. Josef Lennertz, Köln
Einfluß des Ausbaugrades und Benutzungsgrades
nachrichtentechnischer Einrichtungen auf die Gesamtwirtschaft
Ausgeführt von 1954 bis 1956 unter Mitarbeit von
Oberpostrat Dipl.-Ing. Friedrich Einbeck
1958. 265 Seiten, zahlreiche Tabellen. DM 42,—

HEFT 550
Dr. Hans Stephan, Bonn
Elektrisches Standhöhenmeßgerät für Flüssigkeiten
1958. 25 Seiten, 13 Abb., 2 Tabellen. DM 10,10

HEFT 554
*Prof. Dr.-Ing. Harald Müller, Elektrowärme-Institut
Essen*
Untersuchung von Elektrowärmegeräten für
Laienbedienung hinsichtlich Sicherheit und Gebrauchsfähigkeit. — Teil II: Temperaturen an und
in schmiegsamen Elektrogeräten
1958. 56 Seiten, 18 Abb., 22 Tabellen. DM 16,70

HEFT 596
*Dipl.-Ing. Karl-Ernst Hardieck, Regierungsrat beim
Deutschen Patentamt in München*
Theoretische und experimentelle Untersuchungen
der stationären Vorgänge in magnetischen Verstärkern
Ausgeführt am Institut für Starkstromtechnik der
Rhein.-Westf. Technischen Hochschule Aachen
1958. 74 Seiten, 58 Abb. DM 20,20

HEFT 605
Ing. Leonhard Bommes, Mönchengladbach
Bestimmung von Leistung und Wirkungsgrad
eines Ventilators
1958. 45 Seiten, 29 Abb., 3 Tabellen. DM 12,60

HEFT 615
Prof. Dr. Walter Weizel und Duk Hyun Whang, Institut für theoretische Physik der Universität Bonn
Stromverteilung auf der Kathode einer Glimmentladung in Spalten bei hohen Drucken und abseits
stehender Anode
1958. 28 Seiten, 16 Abb. DM 8,80

HEFT 616
Prof. Dr. Walter Weizel und Wolfgang Ohlendorf, Institut für theoretische Physik der Universität Bonn
Die Glimmentladung in spaltartigen Entladungsräumen   *1958. 38 Seiten, 18 Abb. DM 10,70*

HEFT 622
Prof. Dr. Walter Franz, Institut für theoretische Physik der Universität Münster
Theorie der Elektronenbeweglichkeit in Halbleitern
1958. 39 Seiten, 9 Abb. DM 10,80

HEFT 642
Dr.-Ing. Hans-Joachim Eckhardt, Elektrowärme-Institut Essen
Leiter: Prof. Dr.-Ing. Harald Müller
Die dielektrische Trocknung bei erniedrigtem Luftdruck mit Beiträgen zum physikalischen Verhalten
der Mischkörper
1958. 65 Seiten, 5 Abb., 19 Beilagen. DM 17,10

HEFT 663
Dr. Hans-Christian Freiesleben, Gesellschaft zur Forderung des Verkehrs e.V., Düsseldorf
Vergleich von Funkortungsverfahren an Bord von
Seeschiffen   *1958. 19 Seiten. DM 6,20*

HEFT 724
Prof. Dr. Gottfried Eckart, Dr. Friedrich Gimmel, Thilo Conrady und Bernd Scherer, Institut für angewandte Physik und Elektrotechnik der Universität des Saarlandes, Saarbrücken
Sonderfragen bei Breitband-Schlitzantennen
1959. 32 Seiten, 3 Abb., 4 Kurvenblätter. DM 9,40

HEFT 756
Prof. Dr.-Ing. Robert Brüderlink und
Dipl.-Ing. Hansjörg Jansen, Institut für Starkstromtechnik der Rhein.-Westf. Technischen Hochschule Aachen
Drehstrom-Gleichstrom-Steuersatz mit Trockengleichrichter in Einwellen- und Zweiwellenanordnung   *1960. 119 Seiten. DM 35,80*

HEFT 784
Dipl.-Ing. Wilfried Sackmann, Gaswärme-Institut e.V., Essen
Wissenschaftliche Leitung: Prof. Dr.-Ing. Fritz Schuster
Untersuchung elektrischer Aufladungserscheinungen an Gasströmungen
1959. 27 Seiten, 15 Abb. DM 9,—

HEFT 786
Prof. Dr.-Ing. Paul Denzel und
Dr.-Ing. Bernhard v. Gersdorff, Institut für elektrische Anlagen und Energiewirtschaft der Rhein.-Westf. Technischen Hochschule Aachen
Untersuchungen über die Möglichkeit der selektiven Erdschlußerfassung durch Messung des im
Erdseil von Freileitungen fließenden Nullstroms
1959. 72 Seiten, 40 Abb. DM 19,90

HEFT 824
Dr.-Ing. Klaus Lauterjung, Institut für Hochfrequenztechnik der Rhein.-Westf. Technischen Hochschule Aachen
Untersuchung symmetrischer Hochfrequenzleitungen
1960. 74 Seiten, 10 Abb., 1 Tafel. DM 21,50

HEFT 825
Ltd. Reg.-Direktor Dr. Heinz Gabler und
Reg.-Rat Dr. Gerhard Gresky, Deutsches Hydrographisches Institut, Hamburg
Untersuchung örtlicher Rückstrahler auf Schiffen,
vorzugsweise im Grenzwellenbereich, mit dem
Sichtfunkpeiler
1960. 60 Seiten, 50 Abb., 3 Tabellen. DM 18,70

HEFT 836
Dipl.-Met. Heinrich Borchardt, Essen
Physikalisch-technische Grundlagen der meteorologischen Anwendung von Radar nach Erfahrungen mit der Wetterradaranlage des Instituts für
Mikrowellen in der Deutschen Versuchsanstalt für
Luftfahrt e.V., Mülheim (Ruhr)
1960. 139 Seiten, 59 Abb., 4 Tabellen,
4 Tafeln, 5 Bildserien. DM 39,90

HEFT 912
Prof. Dr. rer. techn. Fritz Reutter, Mathematisches Institut der Rhein.-Westf. Technischen Hochschule Aachen
Die nomographische Darstellung von Funktionen
einer komplexen Veränderlichen und damit in
Zusammenhang stehende Fragen der praktischen
Mathematik   *1960. 119 Seiten, 4 Abb., 3 Tabellen,*
Anhang mit vielen Abb. DM 35,40

HEFT 1001
Dipl.-Phys. Dr. rer. nat. Günter Langner, Institut für Elektronenmikroskopie an der Medizinischen Akademie, Düsseldorf
Direktor: Prof. Dr. med. H. Ruska
Die Informationsübertragung bei der Mikroskopie
mit Röntgenstrahlen
1961, 125 Seiten, 7 Abb. DM 37,—

HEFT 1033
Dr.-Ing. Gustav-Adolf Kayser, Institut für Elektrische Nachrichtentechnik der Rhein.-Westf. Technischen Hochschule Aachen
Beiträge zur Theorie und Praxis selbsttätiger elektrischer Brandmelde-Geber. Teil I
Systematik der Brandmelde-Geber, Prüfung und
Analogiebetrachtung der Temperaturgeber
1961. 86 Seiten, 42 Abb., 14 Tafeln. DM 29,10

HEFT 1095
Dr.-Ing. Max Brüderlink, Institut für Starkstrom-
technik der Rhein.-Westf. Technischen Hochschule Aachen
Experimentelle und theoretische Untersuchung der
statischen Frequenztransformationen von 50 auf
150 Hz
1962. 77 Seiten, 57 Abb. DM 62,—

HEFT 1172
Prof. Dr.-Ing. Volker Aschoff und Dipl.-Ing. Fritz
Droop, Institut für elektrische Nachrichtentechnik der
Rhein.-Westf. Technischen Hochschule Aachen
Über den Einfluß der elastischen Eigenschaften von
Tonbändern auf die Tonhöhenschwankungen von
Magnettongeräten
1963. 63 Seiten, 33 Abb. DM 29,80

HEFT 1175
Dipl.-Math. Klaus-Dieter Becker und Dr. rer. nat.
Erhard Meister, Universität Saarbrücken
Beitrag zur Theorie des Strahlungsfeldes dielek-
trischer Antennen
1963. 43 Seiten, 4 Abb. DM 29,80

HEFT 1176
Dipl.-Phys. Alexander Wasiljeff,
Universität Saarbrücken
Breitbandimpedanzstudien an Ringschlitzantennen
im cm-Wellenbereich
1963. 69 Seiten, 57 Abb. DM 45,80

HEFT 1262
Prof. Dr. Hubert Cremer, Dr. Friedrich-Heinz Effertz
und Dr. Karl-Hermann Breuer, Mathematisches Institut
der Rhein.-Westf. Technischen Hochschule Aachen
Zur Synthese zweipoliger elektrischer Netzwerke
mit vorgeschriebenen Frequenzcharakteristiken
1964. 25 Abb. DM 49,50

HEFT 1263
Prof. Dr. Hubert Cremer, Dr. Friedrich-Heinz Effertz
und Wilhelm Meuffels, Mathematisches Institut der
Rhein.-Westf. Technischen Hochschule Aachen
Über Realisierbarkeitskriterien für die Synthese
zweipoliger elektrischer Netzwerke mit vorge-
schriebener Frequenzabhängigkeit
1963. 30 Seiten. DM 17,30

HEFT 1264
Prof. Dr. Hubert Cremer und Dr. Franz Kolberg,
Mathematisches Institut der Rhein.-Westf. Technischen
Hochschule Aachen
Der Strömungseinfluß auf den Wellenwiderstand
von Schiffen
1964. 73 Seiten, 8 Abb. DM 67,—

HEFT 1276
Dr. Wegesin, Ratingen
Untersuchungen schneller Lichtbogenverlängerun-
gen für die Verwendung in Hochspannungs-
schaltgeräten
1963. 49 Seiten, 27 Abb. DM 24,80

HEFT 1290
Dr. rer. nat. Wolf-Dietrich Meisel,
Rhein.-Westf. Institut für Instrumentelle Mathematik
Bonn
Zur Simulation einer digitalen Integrieranlage
mittels eines elektronischen Rechenautomaten
1963. 29 Seiten. DM 9,90

HEFT 1291
Dr. rer. nat. Gerhard Schröder, Rhein.-Westf. Institut
für Instrumentelle Mathematik Bonn
Über die Konvergenz einiger Jacobi-Verfahren zur
Bestimmung der Eigenwerte symmetrischer Ma-
trizen
1964. 59 Seiten, 5 Tabellen. DM 48,50

HEFT 1295
Prof. Dr.-Ing. Max Knoll, Dipl.-Ing. Ingolf Ruge und
Dipl.-Ing. Günter Stetter, Elektrizitäts-AG, Ratingen
Teilchenzählung und Dosimetrie mit Silizium-PN-
Sperrschichten
1964. 35 Seiten, 23 Abb. DM 22,—

HEFT 1297
Dr.-Ing. Wolfgang Stammen, Elektrowärme-Institut
Essen
Bestimmung der Strahlungseigenschaften von
festen Körpern bei Temperaturstrahlung und Ent-
wicklung eines vollständig diffus reflektierenden
Vergleichsnormals
1964. 53 Seiten, 23 Abb., 13 Bildtafeln. DM 35,80

HEFT 1306
Prof. Dr. E. Peschl und Dr. Karl Wilhelm Bauer,
Rhein.-Westf. Institut für Instrumentelle Mathematik
Bonn
Über eine nichtlineare Differentialgleichung 2. Ord-
nung, die bei einem gewissen Abschätzungsver-
fahren eine besondere Rolle spielt
1964. 59 Seiten, 13 Abb. DM 43,50

HEFT 1307
Dipl.-Math. Jürgen R. Mankopf, Rhein.-Westf. Institut
für Instrumentelle Mathematik Bonn
Über die periodischen Lösungen der VAN DER
POLschen Differentialgleichung $\ddot{x} + \mu (x^2 - 1)$
$\dot{x} + x = 0$
1964. 55 Seiten, 13 Abb., 10 Phasenbilder im Anhang
DM 41,—

HEFT 1308
Dipl.-Math. Heinz Ober-Kassebaum, Rhein.-Westf.
Institut für Instrumentelle Mathematik Bonn
Über die P-Separation der Schrödinger-Gleichung
und der Laplace-Gleichung in Riemannschen
Räumen
1964. 68 Seiten. DM 42,50

HEFT 1316
Dr. Franz Kolberg, Institut für Mathematik und
Großrechenanlagen der Rhein.-Westf. Technischen Hoch-
schule Aachen
Direktor: Prof. Dr. Hubert Cremer
Theoretische Untersuchung des Begegnungs- oder
Überholungsvorganges von Schiffen
1964. 80 Seiten, 13 Abb. DM 76,50

HEFT 1317
*Prof. Dr. Hubert Cremer und Dr. Franz Kolberg,
Institut für Mathematik und Großrechenanlagen der
Rhein.-Westf. Technischen Hochschule Aachen*
Zur Stabilitätsprüfung von Regelungssystemen
mittels Zweiortskurvenverfahren
1964. 50 Seiten, 12 Abb. DM 35,50

HEFT 1329
*Dr.-Ing. Jochen Jees, Lehrstuhl für Nachrichtenverar-
beitung an der Technischen Hochschule Karlsruhe*
Katalog normierter Tiefpaßübertragungsfunktio-
nen mit Tschebyscheffverhalten der Impulsantwort
und der Dämpfung
1964. 140 Seiten, 24 Abb., zahlr. Tabellen. DM 43,—

HEFT 1334
*Prof. Dr.-Ing. habil. Witold Wiechnowski, Dipl.-Ing.
Richard Schneppendahl und Dipl.-Ing. Norbert Vormann,
im Auftrage von Prof. Dr.-Ing. Eugen Flegler, Rogowski-
Institut für Elektrotechnik der Rhein.-Westf. Technischen Hochschule Aachen*
Untersuchungen an Modellen von Innenbeleuch-
tungsanlagen
1964. 43 Seiten, 21 Bilder. DM 21,—

HEFT 1367
*Prof. Dr. rer. techn. Fritz Reutter und Dr. phil.
Johannes Knupp, Institut für Geometrie und Praktische
Mathematik der Rhein.-Westf. Technischen Hochschule
Aachen*
Untersuchungen über die numerische Behandlung
von Anfangswertproblemen gewöhnlicher Diffe-
rentialgleichungssysteme mit Hilfe von LIE-Reihen
und Anwendungen auf die Berechnung von Mehr-
körperproblemen
*1964. 69 Seiten, 4 Seiten tabellarischer Anhang.
DM 49,50*

HEFT 1395
*Prof. Dr. rer. techn. Fritz Reutter, Institut für Geo-
metrie und Praktische Mathematik der Rhein.-Westf.
Technischen Hochschule Aachen
Dr. rer. nat. Dieter Haupt, Rechenzentrum der Rhein.-
Westf. Technischen Hochschule Aachen*
Untersuchungen auf dem Gebiete der praktischen
Mathematik
1964. 85 Seiten, 6 Abb., 10 Tabellen. DM 53,50

HEFT 1473
*Prof. Dr.-Ing. habil. Hans Fritz Schwenkhagen †,
Prof. Dr.-Ing. habil. Eugen Flegler und
Obering. Kurt Bierenbrodt,
Technische Akademie Berg. Land e. V., Wuppertal und
Rogowski-Institut für Elektrotechnik der Rhein.-Westf.
Technischen Hochschule Aachen*
Untersuchung elektrischer Aufladungserscheinun-
gen in der Atmosphäre
1965. 48 Seiten, 34 Abb. DM 32,80

HEFT 1498
*Dr.-Ing. Hans-Joachim Kößler, Rogowski-Institut für
Elektrotechnik der Rhein.-Westf. Technischen Hochschule
Aachen*
Das Verhalten von Ferritkernen mit rechteck-
förmiger Hystereseschleife in elektrischen Kreisen

WESTDEUTSCHER VERLAG · KÖLN UND OPLADEN
567 Opladen/Rhld., Ophovener Straße 1–3

GPSR Compliance
The European Union's (EU) General Product Safety Regulation (GPSR) is a set
of rules that requires consumer products to be safe and our obligations to
ensure this.

If you have any concerns about our products, you can contact us on

ProductSafety@springernature.com

In case Publisher is established outside the EU, the EU authorized
representative is:

Springer Nature Customer Service Center GmbH
Europaplatz 3
69115 Heidelberg, Germany